Felicia Ullrich

W0196982

Das clevere Formelheftchen

Rechenarten, Lösungswege und wichtige Formeln
für kaufmännische Auszubildende

Bestell-Nr. 971

U-Form-Verlag Hermann Ullrich (GmbH & Co) KG

Titelbild:
U-Form-Verlag, Solingen

© U-Form-Verlag Hermann Ullrich (GmbH & Co) KG
Cronenberger Straße 58 · 42651 Solingen
Telefon 0212 22207-0 · Telefax 0212 208963
Internet: www.u-form.de · E-Mail: uform@u-form.de

9. Auflage 2008 · ISBN 978-3-88234-971-9

Inhaltsverzeichnis

Inhaltsverzeichnis

Fit im Berufsalltag und fit für die Prüfung – das sollte Ihr Ziel sein. Diese kleine Broschüre unterstützt Sie dabei, dieses Ziel auch wirklich zu erreichen. Manchmal sind es Kleinigkeiten, die einem das Leben und die Prüfung ganz schön schwer machen können. Da fehlt die passende Formel oder der richtige oder der einfache Rechenweg. Prozentrechnung oder Dreisatz – hatten Sie zwar mit Sicherheit mal in der Schule - aber lang, lang ist es her.

Und genau hier setzt die Broschüre an. Rechenwege und Formeln des kaufmännischen Alltags werden dargestellt, kurz erläutert und an einem Rechenbeispiel noch einmal erklärt. Die Lösungen sind ausführlich dargestellt, sodass der Rechenweg für jeden nachvollziehbar ist. Somit ist die Broschüre ein kleiner praktischer Helfer für den beruflichen Alltag und die Prüfungsvorbereitung. Denn ab jetzt ist die Mehrwertsteuerberechnung, die Zinsrechnung oder die Lohn- und Gehaltsabrechnung auch für Sie kein Problem mehr.

Viel Erfolg!

Kaufmännisches Runden

Erläuterung

In der kaufmännischen Praxis wird (wenn nicht anders angegeben) mit zwei Nachkommastellen gerechnet. Alle weiteren Stellen werden kaufmännisch auf- bzw. abgerundet.

Beispiele „Abrunden"

Ist die dritte Nachkommastelle 0,1,2,3 oder 4, werden alle weiteren Nachkommastellen einfach gestrichen. Die zweite Nachkommastelle verändert sich nicht.

z.B.   123,344998 ≈ 123,34   oder
          12,003987 ≈ 12,00   oder
           0,98111 ≈ 0,98

Das Gleiche gilt, wenn z.B. auf volle Euro oder Prozent gerundet werden soll. Ist die erste Nachkommastelle 0,1,2,3 oder 4, werden einfach die Stellen nach dem Komma gestrichen.

z.B.   123,344998 € ≈ 123 €   oder
          12,003987 € ≈ 12 €

Beispiele „Aufrunden"

Ist die dritte Nachkommastelle 5,6,7,8 oder 9, dann erhöht sich die zweite Nachkommastelle um „1". Alle weiteren Nachkommastellen werden weggelassen.

z.B.   123,345998 ≈ 123,35   oder
          12,008987 ≈ 12,01   oder
           0,98911 ≈ 0,99

Kaufmännisches Runden

Das Gleiche gilt auch, wenn auf volle Euro oder Prozent gerundet werden soll. Ist die erste Nachkommastelle 5,6,7,8 oder 9, erhöht sich die letzte Stelle vor dem Komma um „1" und die Nachkommastellen werden gestrichen.

z.B.   0,**9**8911 € ≈ 1 €   oder
    1 034,**9**5785 € ≈ 1 035 €

Hinweis:

Ist die zweite Stelle hinter dem Komma eine 9 und die dritte Stelle hinter dem Komma eine 5,6,7,8 oder 9 wird praktisch zweimal aufgerundet: Denn 9 + 1 = 10. In diesem Fall steht an der zweiten Nachkommastelle eine „0" und die erste Nachkommastelle erhöht sich um einen Zähler.

z.B.   12,**899** € ≈ 12,90 €   oder
       109,**999** € ≈ 110,00 €   oder
    999,**9999** € ≈ 1 000,00 €

Erläuterung

Bei der Dreisatzrechnung wird aus drei bekannten Größen eine vierte unbekannte Größe errechnet. Dabei wird von einer gegebenen Mehrheit auf die Einheit und dann von der Einheit wieder auf die neue, unbekannte Mehrheit geschlossen.

Beim direkten Dreisatz bedeutet ein Mehr (bzw. Weniger) der einen Größe auch ein Mehr (bzw. Weniger) der anderen Größe.

Beispiel

Zum Einräumen von 36 Regalen (1. bekannte Größe = gegebene Mehrheit) werden 4 Handelsfachpacker (2. bekannte Größe) benötigt. Wie viele Regale (unbekannte Mehrheit) könnten 6 Handelsfachpacker (3. bekannte Größe) einräumen?

Bilden Sie den Dreisatz immer nach dem gleichen Schema. Stellen Sie zuerst einen Bedingungssatz und dann einen Fragesatz auf. Dabei stehen die gleichen Bezeichnungen (Handelsfachpacker) immer untereinander. Die gesuchte Größe (Zeit) steht immer auf der rechten Seite des Fragesatzes:

Rechnung

1. **Bedingungssatz**   4 Handelsfachpacker = 36 Regale
2. **Fragesatz**   6 Handelsfachpacker = x Regale

Direkter Dreisatz

Sie können den Dreisatz schrittweise rechnen

1. **Berechnung der Einheit**
   Berechnung der Packleistung eines Handelsfachpackers:
   $36 : 4 = 9$

2. **Berechnung der unbekannten Mehrheit**
   Berechnung der Packleistung von 6 Handelsfachpackern:
   $9 \cdot 6 = \mathbf{54}$

Oder Sie können die Rechnung als Bruch zusammenfassen

4 Handelsfachpacker = 36 Regale

6 Handelsfachpacker = x Regale

$$x = \frac{36 \cdot 6}{4} = \mathbf{54}$$

Erläuterung

Wie auch beim direkten Dreisatz wird beim indirekten Dreisatz aus drei bekannten Größen eine vierte unbekannte Größe errechnet. Im Gegensatz zum direkten Dreisatz bedeutet aber das Mehr (bzw. Weniger) der einen Größe ein Weniger (bzw. Mehr) der anderen Größe.

Beispiel

4 Handelsfachpacker benötigen 12 Stunden (bekannte Mehrheit) um Regale einzuräumen. Wie viele Stunden (unbekannte Mehrheit) benötigen 6 Handelsfachpacker für die gleiche Arbeit?

Rechnung

Wie beim direkten Dreisatz wird auch hier ein Bedingungs- und ein Fragesatz aufgestellt. Der Unterschied zum direkten Dreisatz liegt in der Bildung des Bruches. Die beiden Größen des Bedingungssatzes werden multipliziert und durch die bekannte Größe des Fragesatzes geteilt.

1. Bedingungssatz   4 Handelsfachpacker = 12 Stunden

2. Fragesatz   6 Handelsfachpacker = x Stunden

Bildung des Bruches

4 Handelsfachpacker = 12 Stunden

6 Handelsfachpacker = x Stunden

$$x = \frac{4 \cdot 12}{6} = 8$$

Prozentrechnung

Erläuterung

Die Berechnung von Rabatt, Skonto, Gewinn und Umsatzsteuer erfolgt auf der Basis der Prozentrechnung. Daher sind nachfolgend die wichtigsten Begriffe und Formeln der Prozentrechnung dargestellt.

Grundwert: Der Grundwert ist die Bezugszahl, auf die sich der Prozentsatz bezieht. Bei der Berechnung der Mehrwertsteuer ist dies zum Beispiel der Nettoverkaufspreis.

Berechnung des Grundwertes: $\dfrac{\text{Prozentwert} \cdot 100}{\text{Prozentsatz}}$

Prozentsatz: Der Prozentsatz gibt an, welcher Teil des Grundwertes zu berechnen ist. Der Prozentsatz wird in Prozent (%) angegeben. Prozent ist eine verkürzte Schreibweise für Hundertstel. Das heißt: 2 % = 2/100 oder 0,02. Die Prozentsätze bei der Mehrwertsteuerberechnung betragen 7 bzw. 19 %.

Berechnung des Prozentsatzes: $\dfrac{\text{Prozentwert} \cdot 100}{\text{Grundwert}}$

Prozentwert: Der Prozentwert ist der durch den Prozentsatz errechnete Teil des Ganzen. Bei der Berechnung der Mehrwertsteuer entspricht der Prozentwert dem Mehrwertsteuerbetrag.

Berechnung des Prozentwertes: $\dfrac{\text{Grundwert} \cdot \text{Prozentsatz}}{100}$

Prozentrechnung

Im kaufmännischen Alltag findet die Prozentrechnung vor allem bei der Berechnung von Mehrwertsteuer, Skonto, Rabatt und Gewinn Anwendung. Beispiele hierfür finden Sie in den folgenden Kapiteln.

Beispiel Grundwertberechnung

Einzelhändler Meier hat bei einem Großhändler 10 hochwertige italienische Kaffeemaschinen erworben. Der Großhändler hat ihm 8 Prozent Rabatt (Prozentsatz) auf den Listenverkaufspreis gewährt. Der Rabatt entspricht einem Gegenwert von 159,20 € (Prozentwert).

Wie viel Euro betrug der ursprüngliche Listenverkaufspreis der 10 Kaffeemaschinen (Grundwert)?

Rechnung

Grundwert: $\dfrac{\text{Prozentwert} \cdot 100}{\text{Prozentsatz}} = \dfrac{159{,}20 \cdot 100}{8} = \mathbf{1.990{,}00\ €}$

Prozentrechnung

Beispiel Prozentsatzberechnung

Da Einzelhändler Schmitz die Damenblusen Elvira in der letzten Sommersaison sehr gut verkauft hat, möchte er den Preis der Damenbluse in der nächsten Saison von 48,00 € (Grundwert) um 3,00 € (Prozentwert) auf 51,00 € (erhöhter Grundwert) erhöhen.

Wie viel Prozent entspricht diese Preiserhöhung (Prozentsatz)?

Rechnung

$$\text{Prozentsatz:} \quad \frac{\text{Prozentwert} \cdot 100}{\text{Grundwert}} = \frac{3,00 \cdot 100}{48} = \textbf{6,25 \%}$$

Beispiel Prozentwertberechnung

Einzelhändler Meier reduziert im Rahmen des Sommerschlussverkaufs Bademoden um 40 Prozent (Prozentsatz). Der Verkaufspreis des Badeanzugs Modell „Nixe" betrug vor der Preisreduzierung 45,00 € (Grundwert).

Um wie viel Euro reduziert sich der Preis des Badeanzugs (Prozentwert)?

Rechnung

$$\text{Prozentwert:} \quad \frac{\text{Grundwert} \cdot \text{Prozentsatz}}{100} = \frac{45 \cdot 40}{100} = \textbf{18,00 €}$$

Erläuterung

Bei der Angabe mehrerer Prozentzahlen in einer Aufgabenstellung können diese nur addiert ausgerechnet werden, wenn sie sich auf denselben Grundwert beziehen. Ansonsten müssen die Prozentwerte nacheinander ausgerechnet werden.

Beispiel

Einzelhändler Meier hat im Rahmen des Sommerschlussverkaufs seine Bademoden um 40 Prozent ermäßigt. Da die Bademoden sich aber aufgrund des verregneten Sommers schlecht verkaufen, ermäßigt er diese um weitere 15 Prozent. Der Preis des Badeanzugs Modell „Nixe" betrug vor der Preisreduzierung 45 €.

Wie viel Euro kostet der Badeanzug nach beiden Preisreduzierungen?

Rechnung

Da sich die angegebenen Prozentzahlen nicht auf den gleichen Grundwert beziehen (die 40 % beziehen sich auf den Grundwert, die 15 % beziehen sich auf den um 40 % ermäßigten Grundwert) müssen die Prozentwerte schrittweise gerechnet werden.

Besonderheiten bei der Prozentrechnung

1. Schritt   Berechnen des 40 % entsprechenden Prozentwertes

Prozentwert: $\dfrac{\text{Grundwert} \cdot \text{Prozentsatz}}{100} = \dfrac{45,00 \cdot 40}{100} = 18,00 \text{ €}$

2. Schritt   Berechnen des verminderten Grundwertes

verminderter Grundwert: Grundwert – Prozentwert =
45,00 – 18 = 27,00 €

3. Schritt   Berechnen des 15 % entsprechenden Prozentwertes

Prozentwert: $\dfrac{\text{Grundwert} \cdot \text{Prozentsatz}}{100} = \dfrac{27,00 \cdot 15}{100} = 4,05 \text{ €}$

4. Schritt   Berechnen des verminderten Grundwertes

verminderter Grundwert: Grundwert – Prozentwert =
27,00 – 4,05 = **22,95 €**

Hätten Sie fälschlicherweise die beiden Prozentzahlen addiert und den so errechneten Prozentwert vom Grundwert abgezogen, hätten Sie einen verminderten Grundwert von 20,25 € erhalten und somit ein falsches Ergebnis errechnet!

Verminderter und erhöhter Grundwert

Erläuterung

In Aufgaben zum kaufmännischen Rechnen wird häufig nicht der Grundwert angegeben, sondern ein verminderter (z.B. Rechnungsbetrag ohne Skonto) oder erhöhter Grundwert (Preis der Ware mit Mehrwertsteuer). Oftmals wird auch nicht nach dem Prozentwert oder dem Grundwert gefragt, sondern nach dem, um den Prozentwert erhöhten oder verminderten, Grundwert. Müssten Sie mit dem Grundwert rechnen, rechnen aber fälschlicher Weise mit dem erhöhten oder verminderten Grundwert, ist das Ergebnis falsch.

Beispiel „Verminderter Grundwert"

Einzelhändler Meier hat im Rahmen des Sommerschlussverkaufs Bademoden um 40 Prozent (Prozentsatz) reduziert. Der Verkaufspreis des Badeanzugs Modell „Nixe" beträgt nach der Preisreduzierung 27,00 € (verminderter Grundwert).

Wie viel Euro kostete der Badeanzug vor der Preiserhöhung (Grundwert)?

Rechnung

Verminderter Grundwert = Grundwert - Prozentsatz

27,00 € = 60 % (100 % - 40 %)
$\quad$ x = 100 %

$x = \dfrac{27{,}00 \cdot 100}{60} = \textbf{45,00 €}$

17

Verminderter und erhöhter Grundwert

Beispiel „Erhöhter Grundwert"

Da Carving-Ski die Renner der letzten Wintersaison waren, erhöht das Sportgeschäft 4Snow den Preis der Skier um 20 % auf 239,89 €. Wie viel Euro kosteten die Skier in der letzten Saison?

Rechnung

Erhöhter Grundwert: Grundwert + Prozentsatz

239,89 € = 120 %

$\quad\quad$ x = 100 %

$$x = \frac{239,89 \ € \ \cdot \ 100}{120} = \mathbf{199{,}91 \ €}$$

Direkte Berechnung der Mehrwertsteuer

Erläuterung

Die Mehrwertsteuerberechnung entspricht der Prozentrechnung. Da aber immer mit den gleichen Prozentsätzen gerechnet wird (7 Prozent und 19 Prozent) ist unten stehend dargestellt, wie der Mehrwertsteuerbetrag schneller errechnet werden kann, als durch Einsatz der entsprechenden Formel.

Berechnung des Mehrwertsteuerbetrages (gegebenem Nettoverkaufspreis)

bei 19 Prozent Mehrwertsteuer
Mehrwertsteuerbetrag = Nettoverkaufspreis $\cdot$ 0,19

bei 7 Prozent Mehrwertsteuer
Mehrwertsteuerbetrag = Nettoverkaufspreis $\cdot$ 0,07

Beispiel

Der Nettoverkaufspreis einer Sofagarnitur beträgt 2.940,34 €.

Wie viel Euro beträgt die Mehrwertsteuer?

Rechnung

Mehrwertsteuerbetrag = Nettoverkaufspreis $\cdot$ 0,19
= 2.940,34 $\cdot$ 0,19 = **558,66 €**

Direkte Berechnung der Mehrwertsteuer

Erläuterung

Ist die Mehrwertsteuer gesucht und der Nettoverkaufspreis gegeben ist die Berechnung der Mehrwertsteuer verhältnismäßig einfach. Oftmals ist in den Aufgabenstellungen jedoch nicht der Nettoverkaufspreis sondern der Bruttoverkaufspreis gegeben. In diesem Fall entspricht der Bruttoverkaufspreis nicht 100 % sondern 119 % und die Mehrwertsteuer muss nicht dazu addiert sondern aus dem Bruttoverkaufspreis herausgerechnet werden.

Berechnung bei 19 % Mehrwertsteuer

$$\text{Mehrwertsteuer} = \frac{\text{Bruttoverkaufspreis} \cdot 19}{119}$$

Berechnung bei 7 % Mehrwertsteuer

$$\text{Mehrwertsteuer} = \frac{\text{Bruttoverkaufspreis} \cdot 7}{107}$$

Beispiel

Der Bruttoverkaufspreis einer Sofagarnitur beträgt 3.499,00 €. Wie viel Euro beträgt die Mehrwertsteuer?

Rechnung

$$\text{Mehrwertsteuer} = \frac{3.499,00 \cdot 19}{119} = \textbf{558,66 €}$$

Direkte Berechnung des Nettoverkaufspreises

Erläuterung

Ist der Bruttoverkaufspreis gegeben und Sie sollen den Nettoverkaufspreis errechnen, gilt das Gleiche wie bei der Berechnung des Bruttoverkaufspreises: Beim Rechnen mit der Prozentformel benötigen Sie zwei Rechenschritte. Daher ist es auch hier leichter, direkt zu rechnen.

Rechnung

bei 19 Prozent Mehrwertsteuer
Nettoverkaufspreis = Bruttoverkaufspreis : 1,19

bei 7 Prozent Mehrwertsteuer
Nettoverkaufspreis = Bruttoverkaufspreis : 1,07

Beispiel

Der Bruttoverkaufspreis einer Sofagarnitur beträgt 3.499,00 €.

Wie viel Euro beträgt der Nettoverkaufspreis bei einem Mehrwertsteuersatz von 19 Prozent?

Rechnung

Nettoverkaufspreis = Bruttoverkaufspreis : 1,19
= 3.499,00 : 1,19 = **2.940,34 €**

Direkte Skontoberechnung

Erläuterung

Als Skonto wird ein direkter Preisnachlass bezeichnet, den der Verkäufer dem Käufer dafür gewährt, dass dieser Rechnungen innerhalb einer vorgegeben Zahlungsfrist (z. B. 10 oder 14 Tage) bezahlt. Der Skontosatz liegt meistens zwischen 2 bis 3 Prozent. Auch die Berechnung von Skonto basiert auf der Prozentrechnung. Demnach können Skontobeträge auch direkt berechnet werden.

Berechnung des Skontobetrages :

bei 2 % Skonto	Rechnungsbetrag · 0,02
bei 3 % Skonto	Rechnungsbetrag · 0,03

Berechnung des um Skonto ermäßigten Rechnungsbetrages:

bei 2 % Skonto	Rechnungsbetrag · 0,98
bei 3 % Skonto	Rechnungsbetrag · 0,97

Direkte Skontoberechnung

Beispiel

Familie Meier möchte die Sofagarnitur für 3.499,00 € kaufen. Bei Zahlung innerhalb von 10 Tagen nach Lieferung des Sofas, bietet das Möbelhaus 2 Prozent Skonto.

a) Wie viel Euro beträgt der Skontobetrag?
b) Wie viel Euro beträgt der um den Skontobetrag ermäßigte Rechnungsbetrag?

Rechnung

a) Berechnung des Skontobetrages:
$3.499,00 \cdot 0,02 =$ **69,98 €**

b) Berechnung des ermäßigten Rechnungsbetrages:
$3.499,00 \cdot 0,98 =$ **3.429,02 €**

Direkte Skontoberechnung

Bei der Berechnung des effektiven Jahreszinses von Skonto handelt es sich um eine kaufmännische Überschlagsrechnung. Diese Rechnung hilft zu entscheiden, ob es sich für ein Unternehmen lohnt, zur Ausnutzung von Skonto einen Kredit (z. B. Überziehungskredit) aufzunehmen. Ist der effektive Skonto-Jahreszins höher als der effektive Kredit-Jahreszins, dann lohnt es sich, zur Ausnutzung von Skonto einen Kredit aufzunehmen.

$$\text{Effektiver Skonto-Jahreszins} = \frac{\text{Skontosatz (\%)} \cdot 360}{\text{(Zahlungsziel – Skontofrist)}}$$

Beispiel

Die Meta-Fix AG bezieht Kühlaggregate der Union AG in Höhe von 25.800 €. Die Zahlungsbedingungen lauten wie folgt: „Zahlungziel 30 Tage oder 2 % Skonto bei Zahlung innerhalb von 10 Tagen". Der Zinssatz für den Kontokorrent-Kredit der Meta-Fix AG beträgt zur Zeit 12 % p. a.

Wie hoch ist der effektive Skonto-Jahreszins?

Rechnung

Effektiver Skonto-Jahreszins:

$$\frac{\text{Skontosatz (\%)} \cdot 360}{\text{(Zahlungsziel – Skontofrist)}} = \frac{2 \cdot 360}{(30 - 10)} = \mathbf{36\ \%}$$

Effektiver Skonto-Jahreszins

Erläuterung

Für die Meta-Fix AG lohnt es sich, zur Ausnutzung von Skonto einen Kredit in Anspruch zu nehmen, da der effektive Jahreszins des Dispositionskredites mit 12 % deutlich niedriger ist als der effektive Skonto-Jahreszins.

Erläuterung

Vergütungen für leihweise überlassenes Kapital werden als Zinsen bezeichnet. Sie zahlen Zinsen, wenn Sie z. B. bei einer Bank Geld in Form eines Kredites leihen. Umgekehrt zahlt Ihnen die Bank für Geldeinlagen Zinsen.

Die Höhe der Zinsen (Z) wird aus der Höhe des Kapitals (K), der Höhe des Zinsatzes (p) und der Zeit (t) errechnet. Bei der Zeit (t) wird jeder Monat mit 30 Tagen bzw. das Jahr mit 360 Tagen gerechnet.

Die Formel zur Berechnung der Zinsen lautet:

$$Z = \frac{K \cdot p \cdot t}{100 \cdot 360}$$

Die Zinsformel kann wie folgt nach den einzelnen Größen umgestellt werden:

Bei der Frage nach dem Kapital:

$$K = \frac{Z \cdot 100 \cdot 360}{p \cdot t}$$

Bei der Frage nach der Zeit:

$$t = \frac{Z \cdot 100 \cdot 360}{K \cdot p}$$

Bei der Frage nach dem Zinssatz:

$$p = \frac{Z \cdot 100 \cdot 360}{K \cdot t}$$

Zinsmethoden

Erläuterung

Bei der Zinsrechnung wird zwischen verschiedenen Zinsmethoden unterschieden. Hauptunterschied dieser Zinsmethoden ist die unterschiedliche Berechnung der Zinstage. Kredite, Darlehen, Verzugszinsen, Spar- und Termingeldanlagen werden nach der so genannten „Kaufmännischen Zinsmethode" berechnet. Daneben gibt es noch die Eurozinsmethode (z. B. bei Anlagen auf dem Eurogeldmarkt) und die actual/actual Methode (z. B. bei Stückzinsen).

Kaufmännische Zinsmethode

Der Monat wird mit 30 Tagen gerechnet, das Jahr mit 360 Tagen. Nur bei Fälligkeit am 28. oder 29. Februar wird der Februar nur mit 28 bzw. 29 Tagen gerechnet, ansonsten wird auch der Februar mit 30 Tagen gerechnet.

Ist als Fälligkeit der 31. angegeben, wird auch dieser Monat trotzdem nur mit 30 Tagen gerechnet.

Der Tag der Einzahlung wird nicht mitgerechnet, jedoch der Tag der Auszahlung.

Zinsrechnung

Beispiel

Die System GmbH hat einen Kontokorrentkredit vom 4.1.2006
bis zum a) 31.3.2006
       b) 28.2.2006
in Anspruch genommen.

Für wie viel Tage berechnet die Bank die Zinsen für den Kontokorrentkredit?

Rechnung

a) 04.01. – 30.01. = 26 Tage
   01.02. – 31.03. = 60 Tage
   Gesamt   86 Tage

b) 04.01. – 30.01. = 26 Tage
   01.02. – 28.02. = 28 Tage
   Gesamt   54 Tage

Beispiel für die Berechnung der Zinsen

Die System GmbH hat vom 1.3.2006 bis zum 1.6.2006 einen Kontokorrentkredit in Höhe von 6.500,00 € in Anspruch genommen. Die Bank berechnet dafür einen Zinssatz von 12 % p.a.

Wie viel Zinsen muss die System GmbH für die Kreditaufnahme bezahlen?

Rechnung

Zeit : 1.3.2006 bis 1.6.2006 = 90 Tage

$$Z = \frac{K \cdot p \cdot t}{100 \cdot 360} = \frac{6.500,00 \cdot 12 \cdot 90}{100 \cdot 360} = \mathbf{195,00 \ €}$$

Beispiel für die Berechnung des Kapitals

Die System GmbH hat vom 1.3.2006 bis zum 1.6.2006 einen Kontokorrentkredit in Anspruch genommen. Die Bank berechnete dafür bei einem Zinssatz von 12 % p. a. 195,00 € Zinsen.

Wie hoch war die aufgenommene Kreditsumme?

Rechnung

$$K = \frac{Z \cdot 100 \cdot 360}{p \cdot t} = \frac{195,00 \cdot 100 \cdot 360}{12 \cdot 90} = \mathbf{6.500,00 \ €}$$

Beispiel für die Berechnung der Zeit

Die System GmbH hat einen Kontokorrentkredit in Höhe von 6.500,00 € in Anspruch genommen. Die Bank berechnet dafür bei einem Zinssatz von 12 % p. a. 195,00 € Zinsen.

Für wie viele Tage hat die System GmbH den Kredit aufgenommen?

Rechnung

$$t = \frac{Z \cdot 100 \cdot 360}{K \cdot p} = \frac{195{,}00 \cdot 100 \cdot 360}{6.500{,}00 \cdot 12} = \textbf{90 Tage}$$

Beispiel für die Berechnung des Zinssatzes

Herr Meier hat vom 1.3.2006 bis zum 1.6.2006 einen Kontokorrentkredit in Höhe von 6.500,00 € in Anspruch genommen. Die Bank berechnet für diese Zeit 195,00 € Zinsen.

Wie viel Prozent betrug der jährliche Zinssatz?

Rechnung

$$p = \frac{Z \cdot 100 \cdot 360}{K \cdot t} = \frac{195{,}00 \cdot 100 \cdot 360}{6.500{,}00 \cdot 90} = \textbf{12 \%}$$

Erläuterung

Bei der Verteilungsrechnung wird ein Ganzes in ungleiche Teile zerlegt. Zur Berechnung der einzelnen Teile werden zuerst die einzelnen Anteile (1) bestimmt, addiert (2) und dann wird die zu verteilende Summe durch die Summe der Anteile geteilt (3). So wird der Wert eines Anteils ermittelt. Im Anschluss daran wird der Wert eines Anteils mit einzelnen Anteilsmengen multipliziert (4).

Beispiel

Herr Schmidt, Herr Meier und Frau Müller sind an einer Computerfirma mit den folgenden Einlagen beteiligt.

Teilhaber	Höhe der Einlagen in Euro
Herr Schmidt	36.000
Herr Meier	54.000
Frau Müller	30.000

Der Reingewinn der Computerfirma von 90.000,00 € soll im Verhältnis der Kapitaleinlagen verteilt werden. Wie hoch ist der Anteil am Reingewinn von Teilhaber Meier (Euro)?

Verteilungsrechnung

Rechnung

Teilhaber	Höhe der Einlagen in Euro	Anteile (1)	Gewinnanteile (4)
Herr Schmidt	36.000	36	36 · 750 = 27.000
Herr Meier	54.000	54	54 · 750 = **40.500**
Frau Müller	30.000	30	30 · 750 = 22.500
Summe		**120 (2)**	Kontrolle = 90.000

(3) Wert eines Anteils = Gewinn : Anzahl Anteile
$$= 90.000 : 120 = 750$$

Der Gewinnanteil von Teilhaber Meier beträgt 40.500 €.

Einfache Durchschnittsrechnung

Erläuterung

Bei der einfachen Durchschnittsrechnung werden erst die Einzelbeträge addiert und die so entstehende Gesamtsumme wird dann durch die Anzahl der Posten geteilt.

Beispiel

Für ein Unternehmen wurden die folgenden Quartalsumsätze ermittelt:

Quartal	Umsatz pro Quartal in Euro
I	1.248.978,89
II	1.983.560,00
III	1.090.000,22
IV	2.020.200,00

Wie viel Euro setzte das Unternehmen durchschnittlich pro Monat um?

Einfache Durchschnittsrechnung

Rechnung

Quartal	Umsatz pro Quartal in Euro
I	1.248.978,89
II	1.983.560,00
III	1.090.000,22
IV	2.020.200,00
Summe	6.342.744,00

Durchschnittlicher Umsatz = Summe Umsätze : 12
$$= 6.342.744,00 : 12$$
$$= \mathbf{528.562,00 \; €}$$

Gewogene Durchschnittsrechnung

Erläuterung

Der gewogene Durchschnitt wird aus mehreren Einzelwerten mit unterschiedlichen Mengenangaben berechnet. Im Fall des gewogenen Durchschnitts müssen die Einzelwerte vor der Addition mit den Mengenangaben multipliziert werden.

Bei den Aufgaben zur Durchschnittsrechnung ist es wichtig, darauf zu achten, dass die gegebenen und die gefragten Werte die gleichen Einheiten haben. Ist dies nicht der Fall, müssen Sie die Einheiten auf eine gleiche Maßangabe umrechnen (siehe nachfolgende Tabelle).

Ein kaufmännisches Anwendungsbeispiel für die Durchschnittsrechnung ist zum Beispiel die Ermittlung der Lagerreichweite.

Maßeinheiten

1 Kilometer	**km**	= 1 000	Meter
1 Meter	**m**	= 100	Zentimeter (o. 10 Dezimeter **dm**)
1 Zentimeter	**cm**	= 10	Millimeter **mm**

1 Quadratkilometer	**km²** =	100	Hektar

1 Hektar	**ha**	= 100	Ar
1 Ar	**a**	= 100	Quadratmeter
1 Quadratmeter	**m²**	= 1	Meter · 1 Meter **qm**

1 Kubikmeter	**m³**	= 1 000	Liter
1 Hektoliter	**hl**	= 100	Liter
1 Liter	**l**	= 1 000	Milliliter **ml** / 10 Centiliter **cl**

Gewogene Durchschnittsrechnung

Beispiel

Jeweils am Ende eines Quartals wurden in einem Fachgeschäft für Gardinen die unten stehenden Lagerbestände zu den angegebenen Durchschnittspreisen ermittelt.

Quartal	Stoffmenge	Preis pro Meter
I	782 m	39,00 €
II	924 m	35,00 €
III	837 m	48,00 €
IV	889 m	42,00 €

Wie hoch ist der durchschnittliche Gesamtwert des Lagerbestandes in Euro pro Quartal?

Gewogene Durchschnittsrechnung

Rechnung

Quartal	Stoffmenge		Preis pro Meter		Lagerbestand pro Quartal
I	782 m	x	39,00 €	=	30.498,00 €
II	924 m	x	35,00 €	=	32.340,00 €
III	837 m	x	48,00 €	=	40.176,00 €
IV	889 m	x	42,00 €	=	37.338,00 €
Summe	3 432 m				140.352,00 €

Durchschnittlicher Gesamtwert
= Summe Lagerbestand in € : Anzahl Quartale
= 140.352,00 : 4 = **35.088,00 €**

Währungsrechnung

Erläuterungen:

Die Wechselkurse für Fremdwährungen (Devisen und Sorten) werden an der Börse in Euro notiert. Der Wechselkurs gibt an, welche Menge der Fremdwährung man für einen Euro erhält. Eine solche Kursangabe wird als Mengennotierung bezeichnet.

Umrechnung eines Fremdwährungs-Betrags in Euro:
Fremdwährungs-Betrag : Wechselkurs (Dividieren)

Umrechnung eines Euro-Betrags in eine Fremdwährung:
Euro-Betrag · Wechselkurs (Multiplizieren)

Ermittlung des richtigen Kurses

Bei den Wechselkursen unterscheidet man zwischen Brief- und Geldkurs (bei Devisen) und An- und Verkaufskurs (bei Noten). Wichtig für ein richtiges Ergebnis bei der Währungsrechnung ist nicht nur der richtige Rechenweg, sondern auch die Auswahl des richtigen Kurses.

Aufgabenstellung	Kurs bei Mengennotierung z. B. 1 € = X $
Sie zahlen eine Rechnung in Fremdwährung	**Geldkurs** Euro-Betrag · Geldkurs
Sie erhalten eine Zahlung in Fremdwährung	**Briefkurs** Euro-Betrag : Briefkurs
Sie tauschen Euro in eine Fremdwährung	**Verkaufskurs** Euro-Betrag · Verkaufskurs
Sie tauschen eine Fremdwährung in Euro	**Ankaufskurs** Euro-Betrag : Ankaufskurs

Ein kleiner Tipp: *Die Kursstellung in Deutschland ist nicht einheitlich. Merken Sie sich deshalb, dass die Bank Ihnen immer den ungünstigeren Kurs berechnet, das heißt, den Kurs, bei dem Sie mehr zahlen müssen oder weniger Geld erhalten.*

Währungsrechnung

Beispiele für die Umrechnung einer Fremdwährung in Euro

1. Die Klickfix AG erhält für eine Lieferung Steckelemente eine Zahlung aus den USA in Höhe von 8.960,00 US-Dollar.

   Wie viel Euro schreibt die Bank der Klickfix AG für diese Zahlung auf dem Firmenkonto gut, wenn die Bank zu den unten stehenden Wechselkursen umrechnet?

   Devisenkurse für 1 Euro

Geldkurs	Briefkurs
0,8773 $	0,8779 $

Rechnung

Auswahl des richtigen Kurses:

Briefkurs: die Firma erhält eine Zahlung in Fremdwährung

Umrechnung der Fremdwährung in Euro:
Fremdwährungsbetrag : Briefkurs

8.960,00 : 0,8779   **= 10.206,17 €**

2. Das Sportgeschäft 4Ballgames importiert aus den USA Baseball-Ausstattungen. Für eine Lieferung von Bällen, Schlägern, Handschuhen und Trikots stellt der amerikanische Lieferant dem Sportgeschäft 8.960,00 US-Dollar in Rechnung.

Mit wie viel Euro wird die Bank das Girokonto von 4Ballgames belasten, wenn sie für die Umrechnung die oben stehenden Devisenkurse zu Grunde legt?

Währungsrechnung

Rechnung

Auswahl des richtigen Kurses:

Geldkurs: 4Ballgames muss eine Rechnung in Fremdwährung bezahlen.

Umrechnung Fremdwährung in Euro:
Fremdwährungsbetrag : Geldkurs
8.960,00 : 0,8773 = **10.213,15 €**

Beispiel für eine Umrechnung Euro in Fremdwährung

Für seine Reise nach England tauscht Ulli 200 € in britische Pfund um.

Wie viel britische Pfund erhält Ulli von der Bank, wenn diese die unten stehenden Wechselkurse zugrunde legt?

Sortenkurse für 1 Euro

Verkaufskurs	Ankaufskurs
0,6570 £	0,7020 £

Rechnung

Auswahl des richtigen Kurses:
Verkaufskurs: Ulli tauscht Euro in eine Fremdwährung.

Umrechnung Euro in Fremdwährung:
Eurobetrag · Verkaufskurs
200,00 · 0,6570 = **131,40 £**

Erläuterung

Für die im Folgenden dargestellten Kalkulationsrechnungen wird das unten stehende Kalkulationsschema zu Grunde gelegt. Bei der Kalkulation wird zwischen Vorwärtskalkulation, Rückwärtskalkulation und Differenzkalkulation unterschieden. Die rechnerischen Vorgehensweisen werden auf den nächsten Seiten erläutert.

Kalkulationsschema:

Listenpreis netto		100%
− Liefererrabatt		20 %
Zieleinkaufspreis		80%
− Liefererskonto		3 %
Bareinkaufspreis		97 %
+ Bezugskosten		
Bezugspreis		
+ Handlungskosten		45 %
Selbstkostenpreis		145 %
+ Gewinn		12 %
Barverkaufspreis	98 %	112 %
+ Kundenskonto	2 %	2 %
Zielverkaufspreis	90 %	100 %
+ Kundenrabatt	10 %	10 %
Nettoverkaufspreis	100 %	100 %
+ Umsatzsteuer	19 %	19 %
Bruttoverkaufspreis	119 %	119 %

Vorwärtskalkulation

Erläuterung

Bei der Vorwärtskalkulation sind Einkaufspreis und Zuschlagsätze gegeben, gefragt wird meistens nach dem Verkaufspreis. Im Kalkulationsschema wird von oben (Listenpreis netto) nach unten (Bruttoverkaufspreis) gerechnet.

Beispiel

Der Bareinkaufspreis eines Fax-Gerätes beträgt 166,50 €. Die Bezugs- und Handlungskosten betragen 13,50 €. Der Einzelhändler kalkuliert einen Gewinn von 23 Prozent und bei Barzahlung gewährt er 2 Prozent Rabatt. Die Umsatzsteuer für Fax-Geräte beträgt 19 %.

Wie viel Euro beträgt der Bruttoverkaufspreis des Fax-Gerätes?

Rechnung

Bareinkaufspreis		166,50
+ Bezug- und Handlungskosten		+ 13,50
Selbstkostenpreis		180,00
+ Gewinn	$180,00 \cdot 0,23 =$	+ 41,40
Barverkaufspreis	*$180,00 \cdot 1,23 =$	221,40
+ Kundenrabatt	$221,40 : 0,98 - 221,40 =$	+ 4,52
Nettoverkaufspreis	*$221,40 : 0,98 =$	225,92
+ Umsatzsteuer	$225,92 \cdot 0,19 =$	+ 42,92
Bruttoverkaufspreis	*$225,92 \cdot 1,19 =$	**268,84 €** ▼

*Direkter Rechenweg ohne Zwischenschritt

Kalkulation (Produktion)

Erläuterung

Für die im Folgenden dargestellte Kalkulationsrechnung wird das unten stehende Kalkulationsschema zu Grunde gelegt.

Kalkulationsschema:

Fertigungsmaterial		100 % ⇊
+ Materialgemeinkosten		5 % ⇓
= Materialkosten		105 %
Fertigungslöhne	100 % ⇊	
+ Fertigungsgemeinkosten	120 %	
+ Sondereinzelkosten der Fertigung	X ⇓	
= Fertigungskosten	220 % + X	
= Herstellkosten		100 % ⇊
+ Verwaltungsgemeinkosten		10 %
+ Vertriebsgemeinkosten		8 %
+ Sondereinzelkosten des Vertriebs		X ⇓
= Selbstkosten	100 % ⇊	118 % + X
+ Gewinn	40 % ⇓	
= Barverkaufspreis	140 %	92,5 %
+ Vertreterprovision		5,00 % ⇑
+ Kundenskonto		2,5 %
= Zielverkaufspreis	90 %	100 % ⇑
+ Kundenrabatte	10 % ⇑	
= Listenverkaufspreis netto	100 % ⇑	

Die Prozentwerte sind Beispielswerte (siehe Beispiel)

Vorwärtskalkulation

Erläuterung

Mit der Vorwärtskalkulation wird der Listenverkaufspreis berechnet. Beachten Sie bitte bei der Berechnung, dass bis zum Barkaufspreis vom Hundert gerechnet wird und ab dem Barkaufspreis im Hundert.

Beispiel

Für die Herstellung des „Dreamy", des neusten Hits im Kinderzimmer der Kidglück AG, entstehen die folgenden Kosten und Zuschlagssätze:

Fertigungsmaterial 5,00 €, Materialgemeinkostenzuschlag 5 %, Fertigungslöhne 12,50 €, Fertigungsgemeinkosten 120 %, Sondereinzelkosten der Fertigung 1,50 €, Verwaltungsgemeinkostenzuschlag 10 %, Vertriebsgemeinkostenzuschlag 8 %, Sondereinzelkosten des Vertriebs 1,80 €, Gewinnzuschlag 40 %, Vertreterprovisionen 5 %, Kundenskonto 2,5 %, Kundenrabatt 10 %.

Wie viel Euro beträgt der Listenverkaufspreis (netto)?

Rechnung siehe nächste Seite

Vorwärtskalkulation

Rechnung

Fertigungsmaterial	5,00 €	
+ Materialgemeinkosten	5,00 · 0,05 =	0,25 €
= Materialkosten	5,25 €	5,25 €
Fertigungslöhne	12,50 €	
+ Fertigungsgemeinkosten	12,50 · 1,2 =15,00 €	
+ Sondereinzelkosten der Fertigung	1,50 €	
= Fertigungskosten	29,00 €	29,00 €
= Herstellkosten		34,25 €
+ Verwaltungsgemeinkosten 10 %	34,25 · 0,1 =	3,43 €
+ Vertriebsgemeinkosten 8 %	34,25 · 0,08 =	2,74 €
+ Sondereinzelkosten des Vertriebs		1,80 €
= Selbstkosten		42,22 €
+ Gewinn 40 %	42,22 · 0,40 =	16,89 €
= Barverkaufspreis		59,11 €
+ Vertreterprovision 5 %	63,90 · 0,05 =	3,20 €
+ Kundenskonto 2,5 %	63,90 · 0,025 =	1,60 €
= Zielverkaufspreis	59,11 : 0,925 =	63,90 €
+ Kundenrabatte 10 %	71,00 · 0,1 =	7,10 €
= Listenverkaufspreis netto	**63,90 : 0,9 =**	**71,00 €**

Erläuterung

Bei festgelegtem Verkaufspreis werden mit der Rückwärtskalkulation das aufwendbare Fertigungsmaterial bzw. die aufwendbaren Fertigungslöhne errechnet. Vom Listenverkaufspreis zum Barverkaufspreis wird rückwärts von Hundert, vom Barverkaufspreis bis zu den Herstellungskosten wird auf Hundert gerechnet.

Kalkulationsschema:

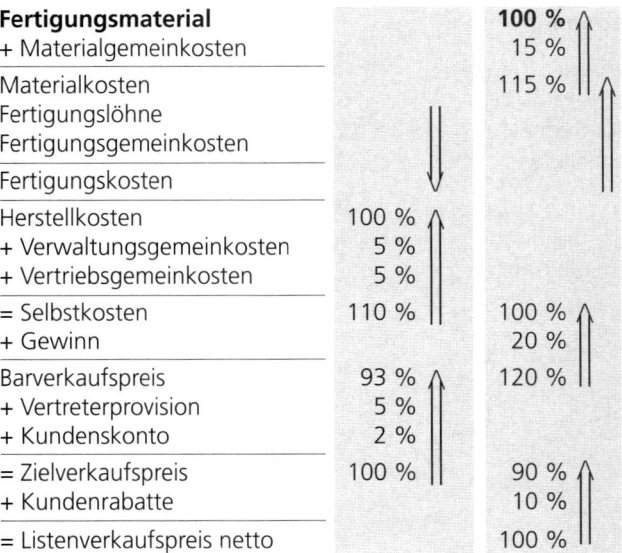

Fertigungsmaterial		100 %
+ Materialgemeinkosten		15 %
Materialkosten		115 %
Fertigungslöhne		
Fertigungsgemeinkosten		
Fertigungskosten		
Herstellkosten	100 %	
+ Verwaltungsgemeinkosten	5 %	
+ Vertriebsgemeinkosten	5 %	
= Selbstkosten	110 %	100 %
+ Gewinn		20 %
Barverkaufspreis	93 %	120 %
+ Vertreterprovision	5 %	
+ Kundenskonto	2 %	
= Zielverkaufspreis	100 %	90 %
+ Kundenrabatte		10 %
= Listenverkaufspreis netto		100 %

Rückwärtskalkulation

Beispiel

Die Kidglück AG bietet Kinderbetten aus Vollholz zu einem Listenverkaufspreis von 540,00 Euro an. Grundlage für die Vorkalkulation waren die folgenden Werte und Zuschlagssätze: Materialgemeinkosten 15 %, Fertigungslöhne 90 Euro, Fertigungsgemeinkosten 140 %, Verwaltungsgemeinkosten 5%, Vertriebsgemeinkosten 5 %, Gewinn 20 %, Vertreterprovisionen 5 %, Kundenskonto 2 %, Kundenrabatte 10 %.

Rechnung

Zielverkaufspreis:	$540,00 \cdot 0,9 = 486,00$ €
Barverkaufspreis:	$486,00 \cdot 0,93 = 451,98$ €
Selbstkosten:	$451,98 : 1,2 = 376,65$ €
Herstellkosten:	$376,65 : 1,1 = 342,41$ €
Fertigungskosten:	$90,00 \cdot 2,4 = 216,00$ €
Materialkosten:	$342,41 - 216,00 = 126,41$ €
Fertigungsmaterial:	$126,41 : 1,15 = 109,92$ €

Differenzkalkulation

Erläuterung

Die Differenzkalkulation dient zur Berechnung des Gewinns, bei gegebenem Verkaufspreis und gegebenen Zuschlagssätzen. Beachten Sie bitte bei der Berechnung, dass vom Fertigungsmaterial bis zu den Selbstkosten vom Hundert vorwärts gerechnet und vom Listenverkaufspreis bis zum Barverkaufspreis vom Hundert rückwärts gerechnet wird.

Rechnung siehe nächste Seite

Differenzkalkulation

Kalkulationsschema:

Fertigungsmaterial	100 %	
+ Materialgemeinkosten	5 %	
= Materialkosten	105 %	
Fertigungslöhne		100 %
+ Fertigungsgemeinkosten		120 %
+ Sondereinzelkosten der Fertigung		X
= Fertigungskosten		220 % + X
= Herstellkosten	100 %	
+ Verwaltungsgemeinkosten	10 %	
+ Vertriebsgemeinkosten	5 %	
+ Sondereinzelkosten des Vertriebs	115 % + X	
= Selbstkosten		100 %
+ Gewinn		**30 %**
= Barverkaufspreis	90 %	130 %
+ Vertreterprovision	7,5 %	
+ Kundenskonto	2,5 %	
= Zielverkaufspreis	100 %	85 %
+ Kundenrabatte		15 %
= Listenverkaufspreis netto		100 %

Differenzkalkulation

Beispiel

„Sleepywonder", die clevere Einschlafhilfe für Babys, verkauft die Kidglück AG zu einem Listenverkaufspreis von 50,98 Euro. Es liegen Ihnen die folgenden Kosten und Zuschlagssätze vor: Fertigungsmaterial 4,00 €, Materialgemeinkosten 5 %, Fertigungslöhne 9,00 €, Fertigungsgemeinkosten 120 %, Sondereinzelkosten der Fertigung 1,00 €, Verwaltungsgemeinkosten 10 %, Vertriebsgemeinkosten 5 %, Sondereinzelkosten des Vertriebs 1,25 €, Vertreterprovisionen 7,5 %, Kundenskonto 2,5 % und Kundenrabatte 15 %.

Wie viel Euro beträgt der Gewinn?

Rechnung

Materialkosten:	$4,00 \cdot 1,05 = 4,20$ €
Fertigungsgemeinkosten:	$9,00 \cdot 1,2 = 10,80$ €
Fertigungskosten:	$9,00 + 10,80 + 1,00 = 20,80$ €
Herstellkosten:	$4,20 + 20,80 = 25,00$ €
Verwaltungsgemeinkosten:	$25,00 \cdot 0,1 = 2,50$ €
Vertriebsgemeinkosten:	$25,00 \cdot 0,05 = 1,25$ €
Selbstkosten:	$25,00 + 2,50 + 1,25 + 1,25 = 30,00$ €
Zielverkaufspreis:	$50,98 \cdot 0,85 = 43,33$ €
Barverkaufspreis:	$43,33 \cdot 0,9 = 39,00$ €
Gewinn:	$39,00 - 30,00 =$ **9,00 €**

Kalkulationszuschlag

Erläuterung

Zur Vereinfachung der Kalkulationsrechnung können Kalkula-
tionszu- bzw. -abschläge berechnet werden. Bei der Berechnung des Kalkulationszuschlags wird ein Prozentsatz ermittelt,
der angibt, wie viel Prozent auf den Bezugspreis aufgeschlagen
werden, um den Bruttoverkaufspreis zu erzielen.

**Kalkulations-
zuschlag:**
$$\frac{\text{Bruttoverkaufspreis} - \text{Bezugspreis}}{\text{Bezugspreis}} \cdot 100$$

Beispiel

Einzelhändler Sonnig hat eine Lieferung von Teak-Gartenmöbeln
erhalten. Für die Gartentische hat er bei einem Einkaufspreis
von 450 € einen Verkaufspreis von 600 € errechnet. Da für alle
anderen Teak-Möbel ähnliche Kosten anfallen, möchte er die
Verkaufspreise durch Berechnung eines Kalkulationszuschlags
ermitteln.

Wie viel Euro beträgt demnach der Bruttoverkaufspreis eines
Gartenstuhls, der im Einkauf 90 € gekostet hat?

Rechnung

Kalkulationszuschlag: $\dfrac{600 - 450}{450} \cdot 100 = 33,3$

Bruttoverkaufspreis Gartenstuhl: 90 · 1,333 = **119,97 €**

Kalkulationsabschlag

Erläuterung

Bei der Berechnung des Kalkulationsabschlags wird ein Prozentsatz ermittelt, der angibt, wie viel Prozent vom Bruttoverkaufspreis abgezogen werden muss, um den Bezugspreis zu errechnen.

Kalkulationsabschlag:

$$\frac{\text{Bruttoverkaufspreis} - \text{Bezugspreis}}{\text{Bruttoverkaufspreis}} \cdot 100$$

Beispiel

Zur Berechnung von Aktions-Rabatten benötigt Verkäufer Emsig die Bezugspreise von verschiedenen Damenblusen. Ihm liegen jedoch nur der Bruttoverkaufspreis und der Bezugspreis des Modells Elvira vor. Das Modell Elvira kostet im Einkauf 30 € und im Verkauf 39,99 €.

Wie viel Euro beträgt der Bezugspreis des Modells Chic, dessen Bruttoverkaufspreis 59,99 € beträgt?

Rechnung

Kalkulationsabschlag: $\dfrac{39,99 - 30}{39,99} \cdot 100 = 24,98$

Bezugspreis Modell Chic: 59,99 : 1,2498 = **48,00 €**

Anschaffungskosten

Erläuterung

Anlagegüter sind bei Erwerb mit den Anschaffungskosten zu bewerten. Die Anschaffungskosten sind auch Grundlage für die buchmäßige Erfassung von Wertminderungen (Abschreibungen). Neben den Anschaffungskosten sind auch die Anschaffungsnebenkosten (z. B. Transport- oder Montagekosten als werterhöhende Bestandteile sowie nachträglich gewährte Abzüge (z. B. Preisnachlässe und Skonti) als Anschaffungspreisminderungen als wertmindernde Bestandteile des Anlagegutes zu aktivieren. Anschaffungskosten werden immer netto aktiviert.

Anschaffungspreis (netto)
+ Anschaffungsnebenkosten (netto)
– Anschaffungspreisminderungen
= Anschaffungskosten

Beim Kauf von Gebäuden und Grundstücken werden Grundstück und Gebäude getrennt aktiviert. Die anfallenden Kosten wie Grunderwerbssteuer, Notar- und Beurkundungskosten werden anteilig Grundstück und Gebäude zugerechnet.

Anschaffungskosten

Geringwertige Wirtschaftsgüter

Änderung zum 1.1.2008

Gegenstände des Anlagevermögens, deren Anschaffungs- oder Herstellkosten den Wert von 150,00 Euro (bis zum 31.12.2007 Wert 450,00 €) nicht überschreiten, können im Jahr der Anschaffung oder Herstellung als geringwertige Wirtschaftsgüter komplett abgeschrieben werden.

Für alle Wirtschaftsgüter des Anlagevermögens mit einem Wert größer als 150,00 Euro und nicht mehr als 1.000,00 Euro wird im Jahr der Anschaffung ein Sonderposten gebildet, der über 5 Jahre abgeschrieben werden muss. Bei diesen Gütern ist der Monat der Anschaffung für die Abschreibung unerheblich. Verkauf oder Zerstörung eines Wirtschaftsgutes aus diesem Sonderposten ändern nichts am Abschreibungsbetrag der nächsten Jahre.

Geometrisch degressive Abschreibung

Änderung zum 1.1.2008

Bewegliche Güter des Anlagevermögens die nach dem 31.12.2007 angeschafft werden, können nur noch linear abgeschrieben werden. Die geometrisch degressive Abschreibung entfällt.

Anschaffungskosten

Beispiel

Die Meta-Fix AG kauft einen LKW zum Brutto-Listenpreis von 92.820 € zzgl. 800,00 € Überführungskosten. Der Händler gewährt der Meta-Fix AG einen Rabatt von 15 %. Für die Zulassung bei der Stadt entstehen Kosten in Höhe von 55,00 €.

Wie hoch sind die zu aktivierenden Anschaffungskosten für den LKW?

Rechnung

Nettolistenpreis = Bruttolistenpreis : 1,19 =
92.820 : 1,19 = 78.000 €

Anschaffungspreis	78.000,00 €
+ Anschaffungsnebenkosten	800,00 €
	78.800,00 €
– 15 % Rabatt	11.820,00 €
	66.980,00 €
+ Zulassung	55,00 €
Anschaffungskosten	**67.035,00 €**

Anschaffungskosten

Beispiel 2

Die Meta-Fix AG kauft zur Erweiterung der Produktion eine neue Produktionshalle für 1.200.000 €. Der darin enthaltene Grundstückswert beträgt 400.000 €. Es fallen Grunderwerbssteuer in Höhe von 3,5 % und Notar- und Beurkundungskosten in Höhe von 6.000,00 Euro an. Zur Finanzierung des Kaufs muss die Meta-Fix AG einen kurzfristigen Kredit aufnehmen, für den die Bank Zinsen in Höhe von 9.000,00 € berechnet.*

Wie hoch sind die zu aktivierenden Anschaffungskosten der Produktionshalle?

Rechnung

Anschaffungspreis Produktionshalle (ohne Grundstück)	800.000,00 €
Anteil Grunderwerbssteuer (800.000,00 x 0,035)	28.000,00 €
Anteil Notar- und Beurkundungskosten (2/3 von 6.000,00)	4.000,00 €
Anschaffungskosten	832.000,00 €

* die Zinsen werden nicht mit angesetzt. Ausgaben, die der Finanzierung der Anschaffung, nicht aber der Anschaffung unmittelbar dienen, sind keine Anschaffungsnebenkosten.

Abschreibungen

Erläuterung

Sachanlagen mit Ausnahme von Grundstücken unterliegen der Abnutzung und damit einer Wertminderung. Die buchmäßige Erfassung dieser Wertminderung ist die Abschreibung. Es wird zwischen planmäßigen und außerplanmäßigen Abschreibungen unterschieden. Die Abschreibung kann nach verschiedenen Berechnungsmethoden erfolgen:

Lineare Abschreibung: jährlich gleich bleibende Abschreibungsbeträge

Berechnung der Abschreibungsbeträge = Anschaffungskosten : betriebliche Nutzungsdauer

Restbuchwert = Anschaffungskosten − Abschreibungsbetrag · Anzahl Jahre*

* Bsp. Restbuchwert im 3. Jahr = Anschaffungskosten − Abschreibungsbetrag x 3

Hinweis

Mit der Steuerreform zum 1.1.2004 wurde die so genannte Halbjahres-AfA abgeschafft, es muss nun monatsgetreu abgerechnet werden. So durfte 2003 für ein Ende Oktober gekauftes Anlagegut noch die Hälfte der jährlichen Abschreibungsrate angesetzt werden. Für ein Ende Oktober 2004 gekauftes Anlagegut darf jedoch noch nur 2/12 (für die Monate November und Dezember) der jährlichen Abschreibungsrate angesetzt werden. Diese Regelung gilt unabhängig von der gewählten Berechnungsmethode.

Abschreibungen

Geometrisch degressive Abschreibung (gilt nur für Anschaffungen vor dem 1.1.2008): jährlich fallende Abschreibungsbeträge (Prozentsatz von Anschaffungs- bzw. Restbuchwert)

Der auf den Anschaffungs- bzw. Restbuchwert bezogene Prozentsatz darf das Doppelte des linearen AfA-Satzes oder maximal 20 % (30 % für 2006 und 2007 angeschaffte Anlagen) nicht übersteigen.

Berechnung der Abschreibungsbeträge (bei 20 %) =
Anschaffungskosten · 0,2 bzw. Restbuchwert · 0,2

Die geometrisch degressive Abschreibung führt nie auf den Wert 0 bzw. 1 Euro. Der nach Ablauf der Nutzungszeit noch übrig bleibende Restbetrag, kann im letzten Jahr der Abschreibung auf einmal abgeschrieben werden. Um einen starken Anstieg des Abschreibungsbetrags im letzten Jahr zu vermeiden, darf einmalig von der degressiven zur linearen Abschreibung gewechselt werden. Dieser Wechsel erfolgt am sinnvollsten im dem Jahr, in dem der lineare Abschreibungsbetrag den geometrisch degressiven Abschreibungsbetrag übersteigt.

Wird eine Anlage über die geschätzte betriebliche Nutzungsdauer noch weiterhin genutzt, so ist es üblich sie mit einem Restbuchwert von 1,00 Euro weiterhin im Anlageverzeichnis und der Buchführung zu führen.

Abschreibungen

Beispiel

Die Anschaffungskosten für einen im März 2007 angeschafften Firmen-PKW der Meta-Fix AG betrugen 36.000,00 €. Die geschätzte betriebliche Nutzungsdauer beträgt 6 Jahre.

Wie hoch ist der Restbuchwert im 3. Jahr, wenn Sie

a) linear
b) geometrisch degressiv abschreiben (maximaler Abschreibungssatz).

a) Lineare Abschreibung
Anschaffungskosten : betriebliche Nutzungsdauer = jährlicher Abschreibungsbetrag

36.000,00 : 6 = 6.000,00 €   März - Dezember = 10 Mon.

1. Jahr 6.000,00 € : 12 = 500,00 € · 10 = 5.000,00 €

Verlauf	Abschreibungsbetrag	Restbuchwert
2007	5.000,00 €	31.000,00 €
2008	6.000,00 €	25.000,00 €
2009	6.000,00 €	**19.000,00 €**
2010	6.000,00 €	13.000,00 €
2011	6.000,00 €	7.000,00 €
2012	6.000,00 €	1.000,00 €
2013	1.000,00 € (999,00 €)	0,00 € (1,00 €)

Abschreibungen

b) geometrisch degressive Abschreibung (gilt nur für Anlagegüter die vor dem 1.1.2008 angeschafft wurden.)

Maximaler Abschreibungssatz = 30 % (siehe Seite 59)

März - Dezemb er = 10 Mon.

1. Jahr   10.800,00 € : 12 = 900,00 € · 10 = 9.000,00 €

Verlauf	Abschreibungsbetrag	Restbuchwert
2007	36.000,00 · 0,3 = 9.000,00 €	27.000,00 €
2008	27.000,00 · 0,3 = 8.100,00 €	18.900,00 €
2009	18.900,00 · 0,3 = 5.670,00 €	

Im dritten Jahr würde der Wechsel von der geometrisch degressiven zur linearen Abschreibung erfolgen können, da der
lineare Abschreibungsbetrag im dritten Jahr größer ist als der
geometrisch degressive.

2009	6.000,00 €	12.900,00 €
2010	6.000,00 €	6.900,00 €
2011	6.000,00 €	900,00 €
2012	900,00 € (899,00 €)	0,00 € (1,00 €)

Erläuterung

Aufwendungen und Erträge müssen der Abrechnungsperiode, in der sie entstanden sind, genau zugerechnet werden. Dabei ist es unerheblich, wann die jeweilige Zahlung erfolgt ist oder erfolgen wird. Häufig werden Zahlungen im alten Wirtschaftsjahr geleistet (oder empfangen) die aber ganz oder teilweise das neue Wirtschaftsjahr betreffen oder umgekehrt (Zahlungen im neuen Jahr betreffen das alte Jahr).

Um den Jahreserfolg zeitraumrichtig ermitteln zu können, müssen die Anteile einer Zahlung, die ganz oder zum Teil das neue Wirtschaftsjahr betreffen, aktiv oder passiv abgegrenzt werden.

Berührt eine Zahlung im neuen Wirtschaftsjahr auch das alte Wirtschaftsjahr, so müssen die Anteile der Zahlung, die ganz oder zum Teil das alte Wirtschaftjahr betreffen, als sonstige Forderung oder sonstige Verbindlichkeit erfasst werden.

Aktive Rechnungsabgrenzung: Ausgaben vor dem Abschlussstichtag, soweit sie Aufwand für eine bestimmte Zeit nach dem Abschlussstichtag darstellen z. B. im November gezahlte Versicherungsprämie für die Monate November, Dezember, Januar (bei Bilanzstichtag 31.12.)

Passive Rechnungsabgrenzung: Einnahmen vor dem Abschlussstichtag, soweit sie Ertrag für eine bestimmte Zeit nach dem Abschlussstichtag darstellen, z. B. im Dezember erhaltene Pacht für die Monate Dezember, Januar, Februar (bei Bilanzstichtag 31.12.)

Periodengerechte Abgrenzung

Sonstige Verbindlichkeiten: ausstehende Zahlungen, die aber am Bilanzstichtag noch nicht fällig sind z. B. Zinsen, die im Januar rückwirkend für die Monate Januar, Dezember und November belastet werden (bei Bilanzstichtag 31.12.)

Sonstige Forderungen: ausstehende Forderungen, die aber am Bilanzstichtag noch nicht fällig sind z. B. Zinserträge im Januar, die rückwirkend für die Monate Januar, Dezember und November gutgeschrieben werden (bei Bilanzstichtag 31.12.)

Abzugrenzender (einzustellender Betrag):

$$\frac{\text{Zahlung} \cdot \text{abzugrenzende Monate}}{\text{Monate gesamt*}}$$

* Monate gesamt = Anzahl der Monate, für die die Zahlung geleistet bzw. eingegangen ist

1. Beispiel

Die Meta-Fix AG (a) erhält ((b) zahlt) im November Miete für Büroräume in Höhe von 3.600,00 Euro für die Monate Dezember, Januar und Februar. Das Wirtschaftsjahr der Meta-Fix AG endet am 31. Dezember. Ermitteln Sie den abzugrenzenden Betrag.

Periodengerechte Abgrenzung

Rechnung

Abzugrenzende Monate = Januar, Februar = 2 Monate

Abzugrenzender Betrag = $\dfrac{3.600,00 \cdot 2}{3}$ = 2.400,00 €

a) Die Meta-Fix AG muss 2.400,00 € passiv abgrenzen

b) (Die Meta-Fix AG muss 2.400,00 € aktiv abgrenzen)

2. Beispiel

Die Meta-Fix AG (a) erhält ((b) zahlt) im Februar rückwirkend Miete für Büroräume in Höhe von 3.600,00 € für die Monate Februar, Januar und Dezember. Das Wirtschaftsjahr der Meta-Fix AG endet am 31. Dezember. Ermitteln Sie den abzugrenzenden Betrag.

Rechnung

Abzugrenzender Monat = Dezember = 1 Monat

Abzugrenzender Betrag = $\dfrac{3.600,00 \cdot 1}{3}$ = 1.200,00 €

a) Die Meta-Fix AG muss 1.200,00 € in die sonstigen Forderungen einstellen.

b) (Die Meta-Fix AG muss 1.200,00 € in die sonstigen Verbindlichkeiten einstellen)

Durchschnittlicher Lagerbestand

Erläuterung

Der durchschnittliche Lagerbestand gibt an, wie viele oder welche Mengen von Waren durchschnittlich in einer Periode gelagert waren. Der durchschnittliche Lagerbestand kann über den Jahresanfangs- und -endbestand, die Monatsumsätze oder Umsatz und Umschlagshäufigkeit ermittelt werden.

Die Umschlagshäufigkeit können Sie wiederum mit den folgenden Formeln ermitteln:

$$\textbf{Umschlagshäufigkeit} = \frac{360}{\varnothing \textbf{ Lagerdauer}}$$

oder

$$\frac{\textbf{Verbrauch}}{\varnothing \textbf{ Lagerbestand}}$$

Durchschnittlicher Lagerbestand =

$$\frac{\textbf{Jahresanfangsbestand + Jahresendbestand}}{2}$$

oder

$$\frac{\textbf{Jahresanfangsbestand + 12 Monatsendbestände}}{13}$$

oder

$$\frac{\textbf{Umsatz}}{\textbf{Umschlagshäufigkeit}}$$

Durchschnittlicher Lagerbestand

Beispiel

Herr Clever, Prokurist der Meta-Fix AG, benötigt zur Reorganisation seines Versandbereiches den durchschnittlichen Lagerbestand der Modelle Metamax-Comfort und Metamax-Vario. Folgende Zahlen stehen ihm zur Ermittlung zur Verfügung:

	Metamax-Comfort	Metamax-Vario
Umsatz:	2.832 Stück	6.300 Stück
Umschlagshäufigkeit:	24	nicht bekannt
Jahresanfangsbestand:	120	240
Jahresendbestand:	noch nicht ermittelt	180

Wie hoch sind die durchschnittlichen Lagerbestände des Metamax-Comfort und des Metamax-Varios?

Rechnung

∅ Lagerbestand „Vario":

$$\frac{\text{Jahresanfangsb.} + \text{Jahresendb.}}{2} = \frac{240 + 180}{2} = \textbf{210 Stück}$$

∅ Lagerbestand „Comfort":

$$\frac{\text{Umsatz}}{\text{Umschlagshäufigkeit}} = \frac{2\,832}{24} = \textbf{118 Stück}$$

Durchschnittliche Lagerdauer

Erläuterung

Die durchschnittliche Lagerdauer gibt den durchschnittlichen Zeitraum zwischen Eingang und Ausgang einer Ware im Lager an. Da gelagerte Waren Kosten verursachen, ist es aus betriebswirtschaftlicher Sicht sinnvoll, die durchschnittliche Lagerdauer so gering wie möglich zu halten. Die durchschnittliche Lagerdauer wird auf ein Jahr (= 360 Tage) berechnet und in Tagen angegeben.

$$\textbf{Durchschnittliche Lagerdauer} = \frac{360}{\textbf{Lagerumschlagshäufigkeit}}$$

Beispiel

Berechnen Sie anhand der Angaben aus dem Beispiel „durchschnittlicher Lagerbestand" die durchschnittliche Lagerdauer des Modells Metamax-Comfort.

Rechnung

⌀ Lagerdauer Comfort:

$$\frac{360}{\text{Lagerumschlagshäufigkeit}} = \frac{360}{24} = \textbf{15 Tage}$$

Meldebestand

Erläuterung

Der Meldebestand legt den Zeitpunkt der Bestellung fest. Die zu beschaffende Menge soll so geliefert werden, dass der Mindestbestand nicht unterschritten wird und das Unternehmen so lieferfähig bleibt.

Meldebestand =
Mindestbestand + Verbrauch · Beschaffungszeit

oder

(Tagesabsatz · Lieferzeit) + eiserner Bestand

Beispiel

Herr Clever muss bei der Einführung der neuen Software die Meldebestände für Zulieferteile des Metamax-Varios ins System eingeben. Für das zugekaufte Kühlaggregat des Metamax-Varios plant er einen Mindestbestand von 100 Stück, der Verbrauch pro Woche beträgt 130 Stück und die Beschaffungszeit liegt bei 6 Wochen.

Wie hoch ist der Meldebestand für das Kühlaggregat?

Rechnung

Meldebestand:

Mindestbestand + Verbrauch · Beschaffungszeit =
$100 + (130 \cdot 6) =$ **880 Stück**

Kapazität und Beschäftigungsgrad

Erläuterung

Als Kapazität wird das Leistungsvermögen einer Unternehmung oder eines Betriebsmittels je Zeiteinheit bezeichnet.

Das Verhältnis von technischer Kapazität (optimale Kapazität) und tatsächlich ausgenutzter Kapazität wird als Beschäftigungsgrad (bzw. Auslastungsgrad oder auch Kapazitätsausnutzungsgrad) bezeichnet.

$$\text{Kapazität} = \frac{\text{Ausbringungsmenge (Produktionsmenge)}}{\text{Beschäftigungsgrad}}$$

$$\text{Beschäftigungsgrad} = \frac{\text{Beschäftigung} \cdot 100}{\text{optimale Kapazität}}$$

Beispiel

Die Kunststoffpresse, die zur Herstellung des Gehäuses der Metamax-Serien benötigt wird, hat eine optimale Kapazität von 120 Stunden. Zurzeit läuft die Maschine 80 Stunden die Woche.

Wie hoch ist der Beschäftigungsgrad der Maschine?

Rechnung

Beschäftigungsgrad: $\dfrac{80 \cdot 100}{120}$ = **66,7 %**

Produktivität

Erläuterung

Das Verhältnis von mengenmäßigem Ertrag und mengenmäßigem Einsatz von Produktionsfaktoren wird als Produktivität bezeichnet. Sie stellt die mengenmäßige Ergiebigkeit der Leistungserstellung dar und kann in unterschiedlichen Formen gemessen werden. Von Arbeitsproduktivität wird gesprochen, wenn die Ausbringungsmenge in ein Verhältnis zu den benötigten Arbeitsstunden gesetzt wird. Als Kapitalproduktivität wird das Verhältnis von Ausbringungsmenge zu Kapitaleinsatz bezeichnet.

Produktivität: $\dfrac{\text{Ausbringungsmenge (Output)}}{\text{Einsatzmenge (Input)}}$

Arbeitsproduktivität: $\dfrac{\text{Ausbringungsmenge}}{\text{Arbeitsstunden}}$

Kapitalproduktivität: $\dfrac{\text{Ausbringunsmenge}}{\text{Kapitaleinsatz}}$

Produktivität

Beispiel

Herr Clever hat zwei Arbeitnehmer, die den Metamax-Vario montieren. Frau Müller arbeitet 20 Stunden pro Woche und montiert in dieser Zeit 68 Varios, Herr Meier arbeitet 35 Stunden die Woche und montiert 112 Stück. Berechnen Sie die Arbeitsproduktivität der beiden Mitarbeiter.

Rechnung

Arbeitsproduktivität Müller:

$$\frac{\text{Ausbringungsmenge}}{\text{Arbeitsstunden}} = \frac{68}{20} = \textbf{3,4 Stück pro Stunde}$$

Arbeitsproduktivität Meier:

$$\frac{\text{Ausbringungsmenge}}{\text{Arbeitsstunden}} = \frac{112}{35} = \textbf{3,2 Stück pro Stunde}$$

Erläuterung

Setzt man den Gewinn in das Verhältnis zum Kapital des Betriebes, so ergibt sich die Rentabilität. Sie zeigt, in welcher Höhe sich das Kapital in einer Periode verzinst hat. Es wird zwischen Eigenkapital- und Gesamtkapitalrentabilität unterschieden.

Wird der Gewinn nicht auf das Kapital, sondern den Umsatz bezogen, erhält man die Umsatzrentabilität.

Eigenkapitalrentabilität: $\dfrac{\text{Gewinn}}{\text{Eigenkapital}} \cdot 100$

Gesamtkapitalrentabilität: $\dfrac{\text{Gewinn} + \text{Fremdkapitalzinsen}}{\text{Gesamtkapital}} \cdot 100$

Umsatzrentabilität: $\dfrac{\text{Gewinn}}{\text{Umsatz}} \cdot 100$

Beispiel

Die Meta-Fix AG hat im letzten Wirtschaftsjahr einen Umsatz von 780 Mio. Euro und einen Gewinn von 120 Mio. Euro erzielt. Das Eigenkapital der Meta-Fix AG beträgt 300 Mio. Euro, das Gesamtkapital liegt bei 440 Mio. Euro und in der GuV stehen 2,6 Mio. Euro Fremdkapitalzinsen.

Wie hoch sind Eigenkapital-, Gesamtkapital- und Umsatzrentabilität der Meta-Fix AG?

Rechnung

Eigenkapitalrentabilität :

$$\frac{\text{Gewinn} \cdot 100}{\text{Eigenkapital}} = \frac{120 \cdot 100}{300} = \textbf{40 \%}$$

Gesamtkapitalrentabilität:

$$\frac{\text{Gewinn} + \text{FK-Zinsen}}{\text{Gesamtkapital}} \cdot 100 = \frac{120 + 2,6}{40} \cdot 100 = \textbf{27,9 \%}$$

Umsatzrentabilität:

$$\frac{\text{Gewinn} \cdot 100}{\text{Umsatz}} = \frac{120 \cdot 100}{780} = \textbf{15,4 \%}$$

Lohn- und Gehaltsabrechnung

Erläuterung Stand: 2. Januar 2008

Bruttoentgelt

+	vermögenswirksame Leistung des Arbeitgebers	
./.	Lohnsteuer	(je nach Steuerklasse, Betrag wird der Lohnsteuertabelle entnommen)
./.	Solidaritätszuschlag	(5,5 % der zu zahlenden Lohnsteuer)
./.	Kirchensteuer	(8 % bzw. 9 % der zu zahlenden Lohnsteuer)
./.	Krankenversicherung	(ca. zwischen 13,3 % und 16,8 % des Bruttoentgeltes* je nach Krankenkasse)
./.	Rentenversicherung	(19,9 % des Bruttoentgeltes/ AN-Anteil = 50 %)
./.	Arbeitslosenversicherung	(3,3 % des Bruttoentgeltes***/ AN-Anteil = 50 %)
./.	Pflegeversicherung	(1,7 % des Bruttoentgeltes/ AN-Anteil = 50 %**)

Nettoentgelt

./. individuelle Abzüge

= **Auszahlungsbetrag**

Lohnsteuer, Solidaritätszuschlag und Kirchensteuer werden vom Arbeitgeber an das Finanzamt abgeführt. Die Arbeitnehmer-Anteile der Sozialversicherungsbeiträge (RV, AV, PV, KV) führt der Arbeitgeber zusammen mit dem Arbeitgeberanteil an die jeweilige Krankenkasse ab.

*/**/*** siehe Erläuterung auf der nächsten Seite

* Krankenversicherung

Bei der Krankenversicherung gilt folgende Regelung:

Seit 1. Juli 2005 wird ein zusätzlicher Beitragssatz in Höhe von 0,9 v. H. von den Krankenkassen erhoben. **An diesem zusätzlichen Beitragssatz beteiligen sich die Arbeitgeber nicht, er wird allein von den Arbeitnehmern getragen.**

**Pflegeversicherung

Seit dem 1. Januar 2005 zahlen kinderlose Personen einen **Beitragszuschlag** für die Pflegeversicherung einkommensabhängig **von 0,25 %.** Dieser Zuschlag wird vom Arbeitnehmer alleine getragen.

Von der Erhebung des Beitragszuschlags sind ausgenommen:

– Personen bis zur Vollendung des 23. Lebensjahres

– Personen, die vor dem 1. Januar 1940 geboren sind

– Wehr- und Zivildienstleistende

Ab 1. Juli 2008 soll der Beitrag der Pflegeversicherung von 1,7 auf 1,95 Prozent steigen.

***Die **Arbeitslosenversicherung wird vom 1.1.2008 von 4,2 auf 3,3 Prozent abgesenkt!

Lohn- und Gehaltsabrechnung

Steuerklassen:

Steuerklasse I: Ledige, Geschiedene, Verwitwete und dauernd getrennt lebende Ehegatten.

Steuerklasse II: Alle unter Steuerklasse I genannten Arbeitnehmer mit mind. einem Kind.

Steuerklasse III: Verheiratete, wenn nur ein Ehegatte in einem Arbeitsverhältnis steht und Verheiratete, wenn der andere Ehegatte die Steuerklasse V wählt.

Steuerklasse IV: Verheiratete, wenn beide Ehegatten in einem Arbeitsverhältnis stehen.

Steuerklasse V: Verheiratete, wenn beide Ehegatten in einem Arbeitsverhältnis stehen und ein Ehegatte die Steuerklasse III gewählt hat

Steuerklasse VI: Alle Arbeitnehmer, die mehreren Arbeitsverhältnissen nachgehen, für das zweite und jedes weitere Arbeitsverhältnis.

Lohn- und Gehaltsabrechnung

Beispiel

Das Bruttoentgelt von Kassierer Fröhlich (29 Jahre; keine Kinder) beträgt 1.780,00 €. Fröhlich bezahlt 200,00 € Lohnsteuer, 11,00 € Solidaritätszuschlag und 16,00 € Kirchensteuer. Der Beitragssatz seiner Krankenkasse beträgt 13,9 % (+ 0,9 % Sonderbeitrag, den nur der Arbeitnehmer trägt).
Wie viel Euro beträgt das Nettoentgelt von Herrn Fröhlich?

Rechnung

Bruttoentgelt   **1.780,00 €**

./. Lohnsteuer	200,00 €	
./. SolZ	11,00 €	
./. KiSt	16,00 €	
./. KV	139,73 €	(1.780,00 € · 0,139 = 247,42 €, davon 50 % = 123,71 € + 1.780,00 € · 0,009 = 16,02 € 123,71 € + 16,02 € = **139,73 €**)
./. RV	177,11 €	(1.780,00 € · 0,199 = 354,22 €, davon 50 % = **177,11 €**)
./. AV	29,37 €	(1.780,00 € · 0,033 = 58,74 €, davon 50 % = **29,37 €**)
./. PV*	19,58 €	(1.780,00 € · 0,017 = 30,26 €, davon 50 % = 15,13 € + 1.780,00 · 0,0025 = 4,45 € 15,13 € + 4,45 € = **19,58 €**)

Nettoentgelt   **1.187,21 €**

Lohn- und Gehaltsabrechnung

*Ab 1. Juli 2008 soll der Beitrag der Pflegeversicherung von 1,7 auf 1,95 Prozent steigen.

./. PV	21,81 €	(1.780,00 € · 0,0195 = 34,71 €, davon 50 % = 17,36 € (17,35) + 1.780,00 · 0,0025 = 4,45 € 17,36 € + 4,45 € = **21,81 €** (21,80))
Nettoentgelt		**1.184,98 €** (1.184,99)

Erläuterung

Krankenversicherung:
Herr Fröhlich trägt als Arbeitnehmer 6,95 % des Krankenversicherungsbeitrages, zuzüglich 0,9 % (die nur auf den Arbeitnehmer entfallen).

Pflegeversicherung:
Herr Fröhlich ist kinderlos und zahlt daher zu den 50 % Arbeitnehmeranteil noch einen Beitragszuschlag von 0,25 %.

Der clevere Formel-Trainer

Der clevere Formel-Trainer
Best.-Nr. 973
Preis 11,90 €

Eine Vielzahl von Rechenaufgaben unterschiedlicher Schwierigkeitsstufen zu allen wichtigen kaufmännischen Rechenarten und Berechnungen. Im Lösungsteil werden die Lösungwege Schritt für Schritt erklärt. Außerdem gibt es viele Tipps und Erläuterungen der kaufmännischen Zusammenhänge.

Der clevere Rechentrainer

Der clevere Rechentrainer
Best.-Nr. 974
Preis 12,80 €

Arbeitsbuch mit vielen Rechenaufgaben zu allen Grundrechenarten mit einfach erläuterten Lösungen